我的旅遊手冊

曼谷

新雅文化事業有限公司
www.sunya.com.hk

我的旅遊計劃

小朋友，你會跟誰一起去曼谷旅行？請在下面的空框內畫上人物的頭像或貼上他們的照片，然後寫上他們的名字吧。

登機證
Boarding Pass

曼谷 Bangkok

請你在右面適當的位置填上這次旅程的相關資料。

出發日期：

年　月　日

回程日期：

年　月　日

旅遊目的：

- ☐ 觀光
- ☐ 探訪親人
- ☐ 遊學
- ☐ 其他：______

在出發前，要先計劃活動，你可以跟爸爸媽媽討論一下行程安排。請在橫線上寫上你的想法吧。

- 我最想去看的建築物：

- 我最想去的地方：

- 我最想吃的美食：

- 我最想做的事情：

- 我最想購買的紀念品：

สวัสดี! 大家好！
小朋友，快來一起到曼谷這個美麗的城市，認識泰國的文化吧！

認識泰國

正式名稱：泰王國
地理位置：東南亞

泰國原名暹羅。泰國是一個位於中南半島的國家，東北接寮國、東連柬埔寨，南部與馬來西亞接壤。

泰國的地理分為五個主要區域，包括北部、東北部、東部、中部和南部，首都曼谷則位於泰國中部。

國旗：

語言：泰語

首都：曼谷

貨幣：泰銖 ฿

宗教：大多數為佛教徒

考考你

你知道泰銖上的人像是誰嗎？

答案：泰國國王普密蓬．阿杜德

曼谷的天際線

泰國的首都曼谷，是一個政治、經濟、文化、美食之都。

小朋友，你能分辨出以下這些地標嗎？請從貼紙頁中選出合適的貼紙貼在剪影上。

曼谷大皇宮

曼谷大皇宮的裝潢金碧輝煌。當你到達皇宮時，請依照建築的外觀，把下圖填上顏色吧。

小知識

曼谷大皇宮建於1782年，它曾經是泰國皇室的居所，現在則是成為了曼谷著名的旅遊觀光景點。

我的小任務

小朋友，請你在大皇宮內找出下圖的這座建築。你知道它是
照以下哪種建築來建造的嗎？請圈出代表正確答案的英文字母

A 歐洲教堂

B 古埃神廟

C 吳哥窟

D 中國寺廟

答案：C

玉佛寺

在大皇宮內，還有一座雄偉的寺廟——玉佛寺呢。當遊客參觀莊嚴的寺廟時，要注意衣著是否合適。小朋友，你知道以下哪些衣著才是合適的嗎？請選出正確的答案，並在□內加上✓。

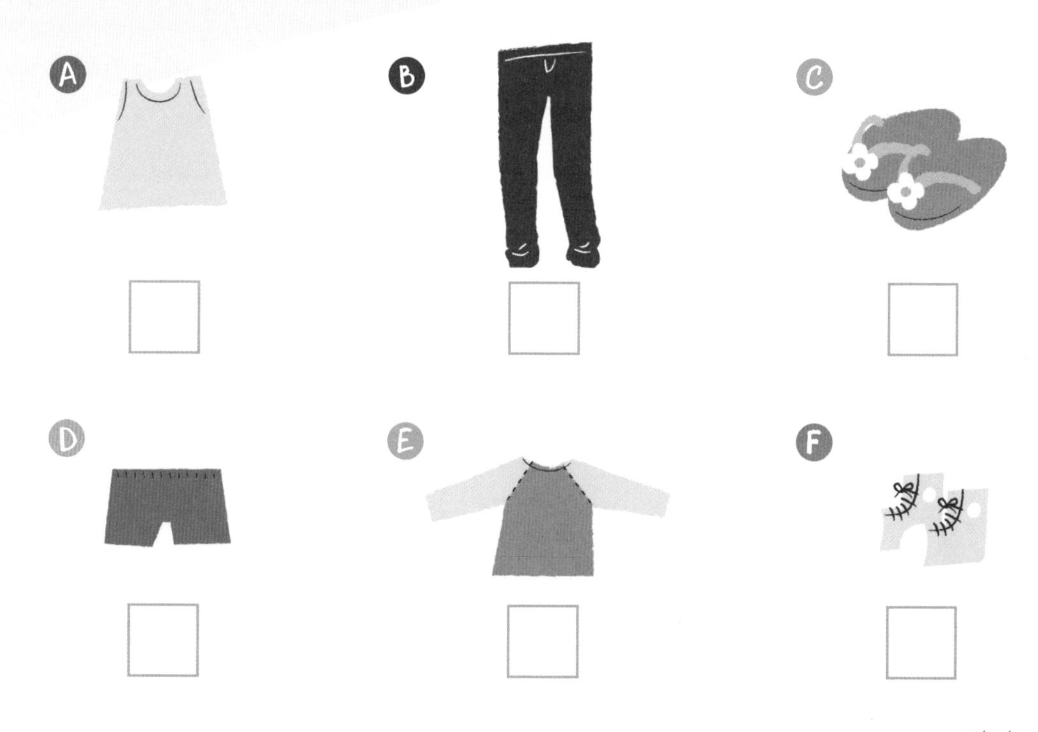

答案：B, E, F

小知識

在泰國，每年隨着季節轉變，泰王都會為玉佛寺大雄寶殿裏的佛像換上不同的朝服。在寺廟中，還有很多巨大而且色彩繽紛的夜叉王守護神，以及金光閃閃的半人半鳥的神像。

我的小任務

請你試試在玉佛寺內拍下一張模仿寺內的神像頂着黃金塔的照片。

臥佛寺

曼谷是一個充滿宗教特色的城市，四處可見傳統的寺廟建築，寺廟裏有大大小小、不同姿態的佛像雕塑。那麼，在泰國最大的佛像到底是怎樣的呢？你可以到臥佛寺看看。

小知識

臥佛寺是泰國最古老的佛寺之一，裏面供奉了一座泰國最大的巨型臥佛，臥佛的身長 46 米，高度達 15 米，整個身體以鐵鑄造，再漆上金箔，而它巨大的腳底則上刻有精細的佛像圖案。

考考你

你知道臥佛寺的另一個名稱嗎？請圈出代表正確答案的英文字母。

A 千佛寺　　B 萬佛寺　　C 皇佛寺

答案：B
由於臥佛寺裏還收藏了超過一千尊的佛像與佛塔，所以人們又稱它為「萬佛寺」。

購物天堂

曼谷是一個深受旅客歡迎的購物天堂，市內有很多大型的購物中心，例如 Siam Paragon、Central World 等。請從貼紙頁中選出合適的貼紙貼在剪影上。

探索水族館

水族館裏真美麗啊！有很多不同顏色的魚兒呢，請從貼紙頁中選出海洋生物貼紙貼在合適的位置，讓這個海底世界更熱鬧吧。

小知識

在曼谷市內，有很多著名的大型購物中心，而其中一座購物中心更設有大型的水族館呢。你可以到位於 Siam Paragon 大型購物中心內的暹羅海底世界探索水族館，認識各種海洋生物。

水上市場

在泰國曼谷的近郊，還有很多水上市場呢。你可以到丹能莎朵水上市場觀光去。泰國人會在小船上賣東西，就像流動的小商店，真熱鬧呢！
請從貼紙頁中選出貼紙貼在適當的位置。

小知識

從前的泰國人大都沿河而居，至今仍有不少人在水上生活呢。遊客們都愛到水上市場體驗這種獨特的泰國文化，例如在河上購物或去吃一頓海鮮餐。

碼頭夜市

泰國有很多著名的夜市，你可以到河濱夜市或席娜卡琳火車鐵道夜市逛逛，試試地道的小吃。小朋友，快來看看他們在賣些什麼東西吧。請從貼紙頁中選出適當的貼紙貼在剪影上。

我的小任務

小朋友，請你在右面的空框內畫上你最喜歡的泰式小食。

野生動物園

在曼谷旅遊，人們大多會到野生動物園去看看動物，例如 Safari World 野生世界。請你把以下熱鬧的野生動物園填上顏色吧。

我的小任務

當你遊覽野生動物園時，請找出以下這些動物，每當你找到一種，就在□內加上✓吧。

- □ 老虎
- □ 獅子
- □ 長頸鹿
- □ 斑馬
- □ 河馬
- □ 駱駝

小朋友，請猜一猜這是什麼動物。

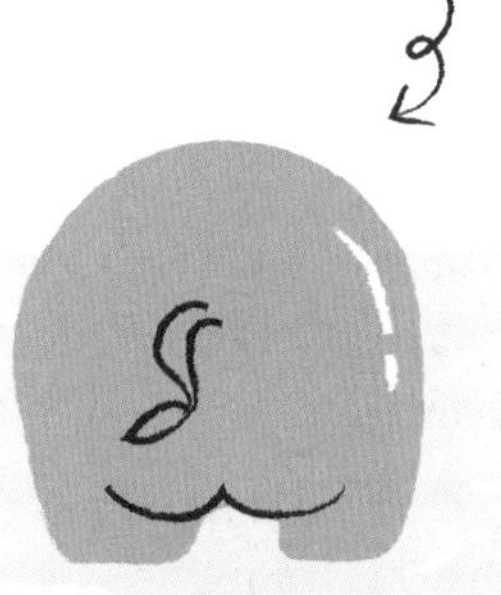

答案：河馬

國寶大象

大象是一種體型龐大的動物，也是泰國的國寶。遊客可以到大象村親親大象呢。請從貼紙頁中選出大象貼紙貼在適當的位置，給牠多加一些同伴吧。

小知識

泰國被稱為「大象之邦」，可見大象代表了泰國的文化。泰國人視大象為神聖的動物。而從前的泰國人也利用大象作為運輸工具，例如用來運送木材。

繁忙的曼谷交通

曼谷的交通十分繁忙，在道路上經常出現交通擠塞的情況。小朋友，你知道以下這些是什麼交通工具嗎？請用線把圖畫和正確的名稱連起來。

1

2

3

A 的士 (Taxi)

B 高架鐵路 (BTS)

C 嘟嘟車 (Tuk Tuk)

答案 1.C 2.A 3.B

我的小任務

當你在曼谷遇上塞車時，你可以欣賞一下車外的景色，順道數一數泰國的士有多少種顏色，每當你找到一種就請你在下面的白框內記下來吧。

小提示：在泰國的士的車頂上都會有 TAXI METER 燈箱的。

泰式美食

泰式料理是世界上廣受歡迎的菜式之一。小朋友，你知道泰國有哪些特色美食嗎？請從貼紙頁中選出合適的食物貼紙貼在剪影上。

泰式青檸烤魚

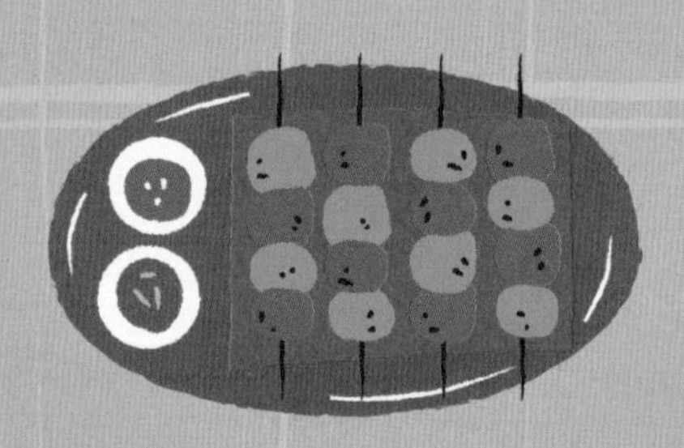

泰式串燒

青木瓜沙津

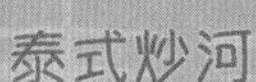

泰式炒河　芒果糯米飯　椰汁西米糕　椰青

小知識

近年，很多到訪泰國的旅客都喜歡參加烹飪學校的泰式料理班，藉此深入體驗泰國的飲食文化。有些泰式料理班更會安排導師先帶領旅客到當地的菜市場認識泰菜常用的食材，然後大家一起跟着學習做傳統的泰國菜式。

泰國水果多

泰國是一個熱帶國家，氣候炎熱且雨水多，特別盛產水果。小朋友，你能根據以下的水果名稱，從貼紙頁中選出合適的水果貼紙貼在下面嗎？試試看。

傳統文化表演

你可以到曼谷的劇場欣賞傳統的舞蹈表演，例如天使劇場（又名暹羅夢幻劇場）。在劇場裏，有很多演員在舞台上表演傳統舞蹈，大家載歌載舞，真熱鬧呢。

小知識

泰國保留了很多傳統藝術，例如木偶劇和皮影戲。木偶劇是一種傳統利用小木偶來表演的戲劇。而皮影戲則是一種人們用皮革造的玩偶，利用影子來演出民間故事的戲劇。

皮影戲

木偶劇

考考你

小朋友，你知道下圖是什麼動物的影子嗎？

答案：小兔

泰國的傳統節慶

泰國有很多不同的傳統節慶活動。其中，潑水節是最受旅客喜愛的傳統節慶之一。請你根據下面的剪影，從貼紙頁中選出適當的貼紙貼在剪影上，令街上更熱鬧吧。

潑水節的裝備

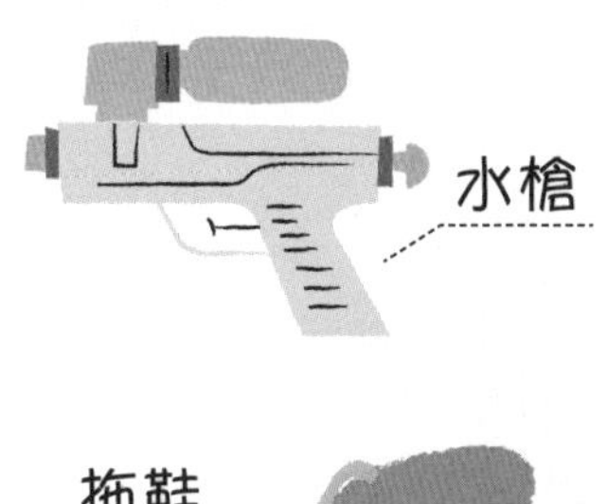

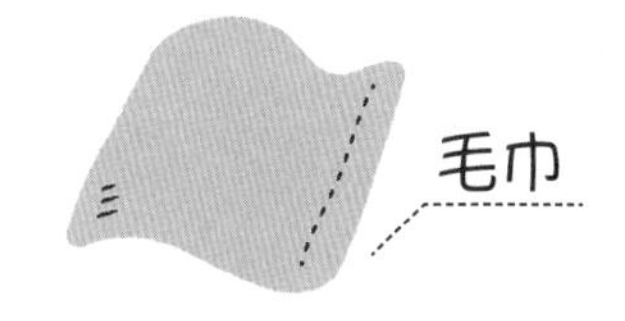

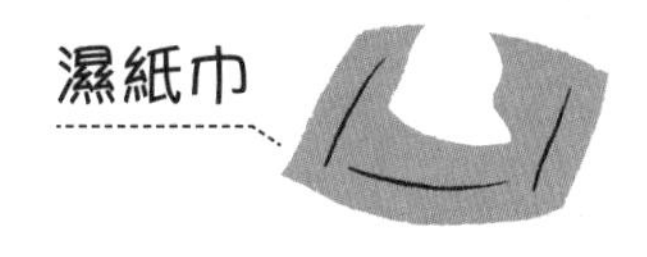

小知識

每年4月，曼谷都會舉行大型的慶祝活動和巡遊。潑水節是為慶祝泰曆新年的節日。潑水這個傳統習俗代表祈求新一年有好運，並迎接熱天的來臨。人們除了會盡情互相潑水外，還會給別人的臉上抹上石灰粉或麪粉。

水燈節

水燈節也是一個廣受旅客喜愛的泰國傳統節慶。水燈節晚上，人們會在河邊放花燈，河上的蓮花燈真美麗啊！請你設計一款獨特的花燈，在下面的方格內畫出來吧。

小知識

每年 11 月，泰國都會舉辦水燈節放水燈的活動。泰國人會用一朵清香蓮花，放入蠟燭或硬幣來做成一個蓮花燈。在黃昏或晚上，人們會到河邊放蓮花燈來對神明表達敬意，同時洗滌心靈。

我的旅遊小相簿

小朋友，你喜歡拍照嗎？請你把在這次旅遊中拍下的照片貼在下面不同主題的相框裏，以留下珍貴的回憶。

我的曼谷旅遊足跡

小朋友，你曾經到過泰國曼谷的哪些地方觀光？請從貼紙頁中選出合適的貼紙貼在地圖的剪影上來留下你的小足跡吧。另外，你也可以在地圖上畫出你自己計劃的旅遊路線。

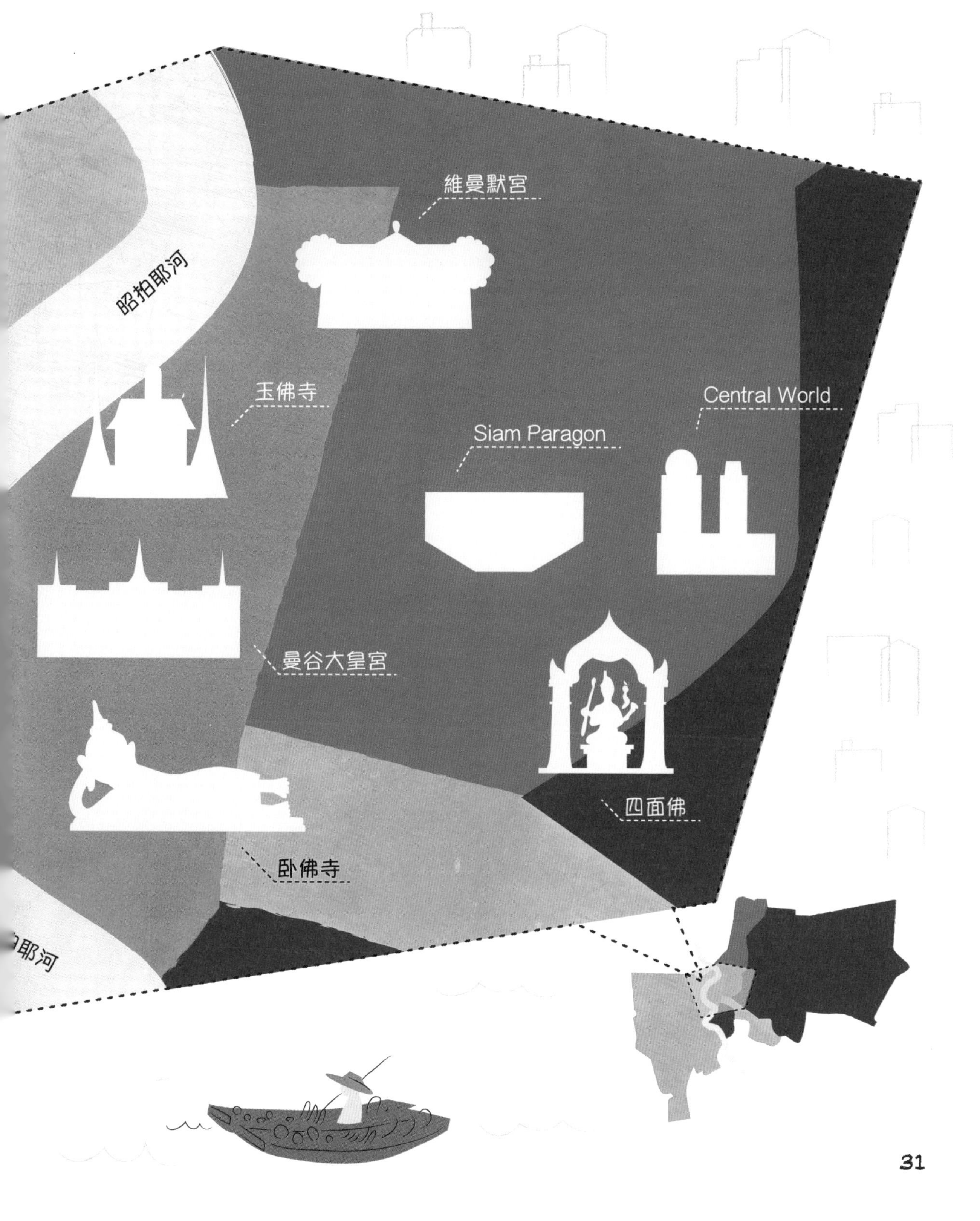
維曼默宮
昭拍耶河
玉佛寺
Central World
Siam Paragon
曼谷大皇宮
四面佛
臥佛寺
拍耶河

我的旅遊筆記

你可以發揮創意，把你在旅程中看到有趣的東西畫出來。